未来已来
系列

宇宙科学

〔韩〕金成花 〔韩〕权秀珍 / 著 〔韩〕金荣坤 / 绘 小栗子 / 译

你想飞去另一个宇宙吗?

电子工业出版社
Publishing House of Electronics Industry
北京·BEIJING

U0162232

虽然没有人要求，但原始人还是踏上了探险之旅。他们历尽千辛万苦，穿过平原，越过山谷，走向那未知的远方……

然而他们这样做，并不是因为他们有什么伟大的目标。

驱使他们前行的是他们对世间万物的好奇之心，他们只是想知道，地平线的那一头有什么。

终于，选择了探险的人类，离开了非洲峡谷，走到了世界各地。

人类抬头遥望着无边无际的天空，开始了想象。

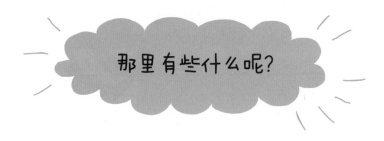

那里有些什么呢?

　　此后，又经过了数万年，人类发明了望远镜，了解了天体的运行规律，甚至冲出了大气层，乘坐阿波罗 11 号飞船成功抵达月球……

　　银河的尽头又会有什么呢？

　　人类发射太空望远镜、探测器，把它们送到了地球大气层之外，甚至太阳系之外的宇宙空间，送到了人类从未踏足过的地方！

　　望远镜给我们讲述了远方的故事，探测器把陌生世界的风景传回了地球。

　　这些都让我们更加深入地思考：我们从何而来，我们的未来又在哪里，以及我们的宇宙是多么的神奇！

目录

01 真的有暗能量 7

02 我们生活的宇宙究竟有多神奇 15

03 类星体和超大质量黑洞的真面目 23

04 逃到另一个宇宙 31

05 为什么飞到宇宙会这么困难 45

06 飞往宇宙的故事 55

07 太空电梯真的会出现吗 63

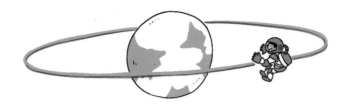

08 反物质能量 **75**

09 纳米飞船 **89**

10 虫洞是否真的存在 **95**

11 系外行星智能探测项目 **107**

12 你好！我来自一颗叫作
地球的行星 **121**

13 现在，我们飞往土星 **129**

01

真的有暗能量

关于宇宙，有一个很奇怪的传闻，你听说过吗？

"什么传闻？"

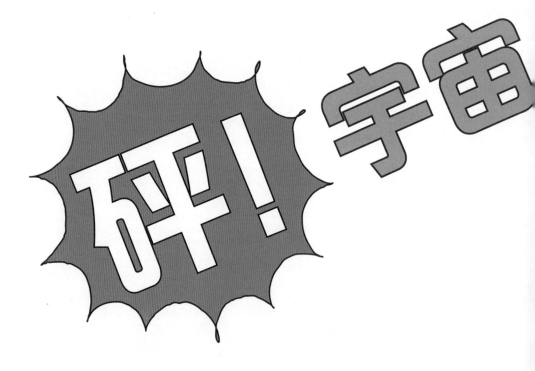

"什么时候发生的事？"

很早很早就发生了！

就在宇宙刚刚诞生的时候！

大爆炸的传闻呀！

根据暴胀宇宙模型，在宇宙大爆炸发生后的 10^{-32} 秒内，

"砰"的一下，宇宙就变大了

100 000 000 000 000 00
0 000 000 000 000
000 000 000 000 0
00 000 000 000　倍。

直到现在，宇宙也在不停地膨胀！

至于宇宙究竟有多大，至今无人知晓。

"为什么？"

因为直到今天，宇宙还在不停地变大呀！

就像正在充气的气球一样，宇宙还在不断膨胀。

如果我们在气球上点几个点，然后用力吹气球，就会发现，气球变大的同时，点和点之间的距离也被拉大了。

星系就像气球上的点，星系之间的距离随着宇宙的不断膨胀，正变得越来越远，并且速度惊人。

也就是说，宇宙正飞快地变得越来越空旷！

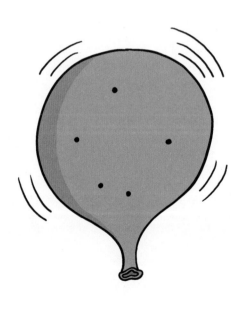

正是**暗能量**让星系之间的距离变得越来越远！根据科学家的计算，暗能量约占整个宇宙能量的73%，但是谁也不知道暗能量究竟是什么。

爱因斯坦不知道，一代又一代和爱因斯坦一样聪明的科学家也不知道！此外，宇宙中还有大量的**暗物质**，它们约占宇宙能量的23%！

"暗物质？那又是什么？"

如果能找到这个问题的答案，你也许就可以获得诺贝尔奖了！

我们对宇宙知之甚少，即使把我们已知的和还不太了解的恒星、令人生畏的黑洞，以及类星体和星系全部加在一起，它们也只约占宇宙能量的4%而已。

关于宇宙，我们还有很多很多不了解的东西。

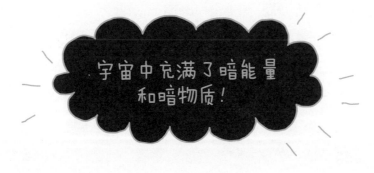

宇宙中充满了暗能量和暗物质！

虽然我们看不到它们，也不知道它们究竟是什么，但是几乎整个宇宙都被它们填满了，你相信这个事实吗？嘘！也许你们家的客厅里也藏有暗物质哟。

宇宙非常神奇!

无论你的思维有多跳跃,

你的想象有多天马行空,

宇宙都会让你大吃一惊!

宇宙就是这样奇妙!

02

我们
生活的
宇宙
究竟有
多神奇

　　每天早上，从梦中醒来后，你也许会坐在床上发一会儿呆，接着急匆匆洗好脸，再跑去上学。到了晚上，回到家的你和出门时的你还是同一个人，没有人会对此有所怀疑。虽然回家的时候，你的头发可能会变得一团糟，裤子上还会沾上泥巴，但是回到家的你，还是原来的那个你，并没有什么变化。既然如此……

　　午休时间，你正和朋友吵架。就在这时，你身体里的电子全部飞到了空中。

　　周日，你去看了一场拳击比赛，没想到就在红色手套和蓝色手套相互触碰的一瞬间，拳击运动员变成了两束光，消失得无影无踪！

这也太不像话了吧？如果这种事随时随地都会发生，一切就乱套了。不过，在宇宙刚刚诞生的时候，确确实实发生过这样的事！

在宇宙大爆炸之后还不到一秒的时间里，在原子还不存在的时候，也就是在只有基本粒子的世界中，这样的事真的发生了！

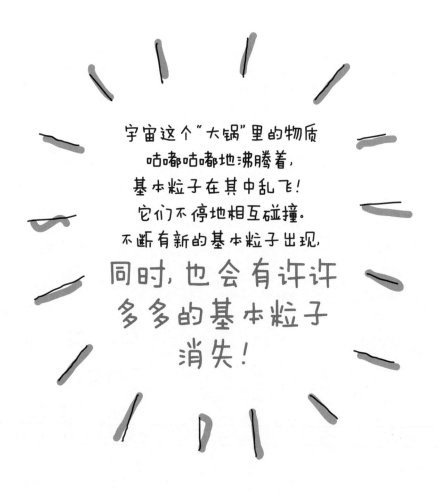

宇宙这个"大锅"里的物质
咕嘟咕嘟地沸腾着，
基本粒子在其中乱飞！
它们不停地相互碰撞，
不断有新的基本粒子出现，
同时，也会有许许
多多的基本粒子
消失！

两个基本粒子在配成一对的瞬间，会一同湮灭。也就是说，物质和**反物质**在相遇的瞬间就会一同湮灭。并且，它们在湮灭的时候会释放出强大的能量！

"反物质？那是什么东西？"

反物质和物质几乎是一样的。想象一下：在宇宙的某个地方，有一个和你长得一模一样的人，他和你有一样的体重、血型和基因，连长在脸上的痘痘也完全一致，他几乎就是另一个你。

虽然两个你看起来没有任何区别，但是两个你的电极却是正好相反的。如果你是正极，另一个你就是负极。如果你是N（北）极，那么另一个你就是S（南）极。如果有一天你们见到了彼此，一定要小心！因为即使只是轻轻地碰一碰指尖，你们也会伴随着一道非常强烈的光，消失得无影无踪！

如果物质和反物质相遇

如果你在宇宙中旅行时，遇到一个和你一模一样的小孩。记住，一定要先确认一下对方是不是由反物质构成的，再上前打招呼。

你知道吗？最初，在只有基本粒子的宇宙里，粒子和反粒子的数量刚好是一样的。

粒子和反粒子不停地相遇，发出强烈的光，然后瞬间湮灭。

出现，相遇，湮灭；出现，相遇，湮灭……

如果一直这样下去，宇宙中除了粒子和反粒子碰撞发出的光，不会产生任何东西。宇宙中将没有一个原子，没有一粒尘埃，没有星星，没有星系，也没有你！

"那么这一切都是怎样出现的呢？"

后来出现的一切都是因为粒子和反粒子的均衡遭到了极其微小的破坏。失衡程度非常小，就像十亿对粒子和反粒子的组合后，只多出了一个粒子。十亿个反粒子对应着十亿零一个粒子！

十亿对粒子和反粒子在相遇发出强烈的光之后瞬间湮灭，只剩下一个没有找到反粒子的粒子"独自彷徨"。

没办法，失去了反粒子的粒子只好不断地聚集。你知道它们最终变成了什么吗？

"变成了什么？"

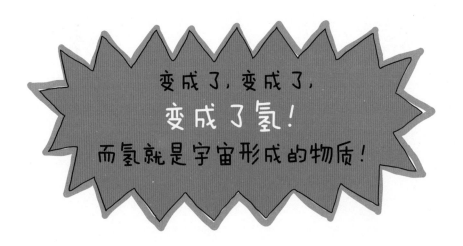

变成了，变成了，
变成了氢！
而氢就是宇宙形成的物质！

03

类星体和超大质量黑洞的真面目

在宇宙大爆炸之后两亿年的时间里，宇宙都是没有什么"活力"的。

氢原子"平静"地飘散在宇宙中。

直到有一天，氢原子形成氢分子，并开始聚集起来，聚集，聚集，聚集，聚集，聚集，聚集，聚集，聚集，聚集……

"究竟要聚集到什么时候呀?"

一千年，一万年，十亿年!

氢分子不停地聚在一起……终于，恒星出现了!

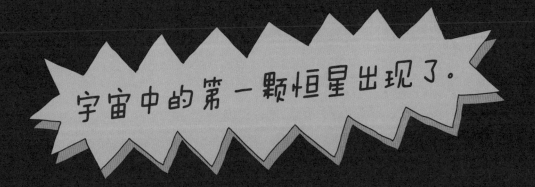

宇宙诞生初期，出现了很多很多巨大的恒星。这些巨大的恒星比太阳还要大数百倍甚至数千倍。

氢分子云团不断地聚集，再聚集，变得越来越大，变得和地球一样大，和太阳一样大……后来变得比太阳大数百万、数千万、数十亿倍。它的半径比太阳系的半径还要长，甚至比海王星的运行轨道还要长，这么小的氢分子最终竟然变成了如此巨大的恒星！

"太难以置信了！"

"宇宙中竟然存在如此巨大的恒星！"

真的存在哟！但是，如今已经不会再出现这些巨大的恒星了。

"这些巨大的恒星现在怎么样了呢？"

约100年前，以爱因斯坦为代表的伟大的科学家曾预言，大质量恒星在燃料耗尽、生命终结之后，会向内部中心区域崩塌、收缩，最终形成黑洞。

在很远很远的地方，人们发现了一类奇异的天体，它们可以释放出惊人的能量。

在距离地球数十亿、数百亿光年的地方，有一类奇怪的天体——**类星体**。人们很难准确描述这种天体的性质，于是笼统地称它们为类星体。

大多数类星体的内部有一个**超大质量黑洞**！

构成恒星、行星等物体的元素，在引力的作用下坍塌，形成黑洞，这些黑洞不断"长大"，然后——

变成了超大质量黑洞！

让我们闭上眼睛，想象一下！

类星体由超大质量黑洞驱动，而超大质量黑洞的引力非常大。在超大质量黑洞吞噬尘埃、气体甚至整个恒星等物质的过程中，大量的能量被转化成电磁辐射释放出来。因此，类星体是宇宙中最明亮的物体之一，尽管它们与地球的距离往往超过数十亿光年。

除了主流的黑洞假说，科学家对类星体的形成还提出了许多不同的假说。

"有哪些假说呢？"

第一种是白洞假说，与黑洞不断吞噬物质和能量相反，白洞源源不断地辐射出物质和能量；第二种是反物质假说，这种理论认为类星体来源于宇宙中正反物质湮灭后产生的能量。还有近距离天体假说、超新星连环爆炸假说、恒星碰撞假说等。

"原来有这么多种假说，真想飞到类星体附近一探究竟呀！"

这可办不到哟！类星体与我们的距离十分遥远，能被我们观测到的辐射已经在宇宙中"跑"了很久很久。而我们所看到的类星体实际上是它们几十亿、几百亿年以前的样子。

有科学家认为，类星体可能是某类星系"童年"的状态，随着星系核心附近的"燃料"逐渐耗尽，类星体可能就会演化成普通的旋涡星系和椭圆星系。

04

逃到另一个宇宙

现在，宇宙已经 138 亿岁了。

今天的宇宙比昨天的宇宙更大，昨天的宇宙也比前天的宇宙更大！

"我知道！因为宇宙正在慢慢变大嘛。"

但是你一定不知道，其实昨天的宇宙比今天的宇宙更烫，前天的宇宙也要比昨天的宇宙更烫！

宇宙正在一点儿一点儿地变冷！

"为什么？"

这就是自然的法则呀！热到发烫的东西，之后会慢慢变冷！世界上有哪一杯热可可的温度会一直保持着高温或自动升高吗？

"那倒是。"

宇宙和热可可一样，都在慢慢冷却！

在过去138亿年的时间里，宇宙一直在不停地变冷。直到现在，宇宙的温度已经降到了 −270℃左右！

此时此刻，宇宙也正在膨胀，同时也正在变得越来越冷。如果星系之间的距离更快速地被拉大，在温度下降到 −273℃的时候，宇宙就会完全冷却了！

宇宙完全冷却后会发生什么？

如果真的是这样，世界上就不会再有新的恒星了！

到了那个时候，一切都将静止！原子不会动，灰尘也不会动。

星系和星系之间会变得空空如也，宇宙会变得十分安静、寂寥，最终慢慢"死去"。

根据科学家的推测，1500 亿年以后我们就很难在宇宙中看到其他星系了。因为从一个星系到另一个星系的距离会变得过于遥远。即使是宇宙中速度最快的光，也没有办法快速横跨如此辽阔的宇宙空间。

如果到了那时候，世界上还有天文学家，他们会认为宇宙中大约只有 30 个星系。

也许在几百亿年以后，宇宙中所有的恒星都会变得暗淡无光，宇宙中只有零星的几颗黑矮星、中子星，还有黑洞。

不过，在宇宙变成这个样子之前，人类的子孙后代可能已经搬去另一个宇宙了！

另一个宇宙？

根据暴胀宇宙模型，当宇宙发生大爆炸的时候，同时出现了多个宇宙，就像肥皂泡一样多，也像肥皂泡一样不断膨胀又消失。

"真的吗？"

也许吧！

你想去一个怎样的宇宙？

也许,
在我们周围
就有很多很多
其他宇宙。

　　那里也有原子吗?那里的时间也是从过去流向未来的吗?那里的生命体也有携带遗传物质的基因吗?

　　谁也不知道……

　　我们可以通过虫洞或黑洞穿越到另一个宇宙吗?为了解答这个问题,数学家和物理学家正埋头钻研。他们在黑板上写满公式,在计算机键盘上敲敲打打,努力地寻找通往另一个宇宙的大门。根据斯蒂芬·霍金教授的理论,我们可以通过虫洞,早上去银河的另一端旅行,并在晚饭前回到家中!那我们是不是可以用同样的方法抵达另一个宇宙呢?另一个宇宙可能和我们所在的宇宙完全不同,这样的旅程一定非常不可思议。

还早着呢!

别说是别的宇宙了,人类连紧挨着地球的行星都没有去过。

你能看到天上的月球吗?那就是人类去过的最远的天体了。到目前为止,人类登陆的天体只有那里!

1969 年,当航天员第一次在月球表面行走的时候,新闻和电视节目纷纷进行预测,也许到了 2000 年的时候,会有数万名地球人在宇宙中工作。但是,直到现在,也只有 400 多人在宇宙中工作过!

"400 多人?他们都去过哪里?"

月球，作为地球唯一的卫星，
是人类去过的
宇宙中最遥远的天体，
离地球只有大约 38 万千米。

呼！

就在地球的上方！在轨道空间站、载人飞船和航天飞机上。其中，轨道空间站可以在地球卫星轨道上长期运行，里面除了实验、生产、工作的设备，还有生活设施，航天员可以在那里长期工作和生活。

"有哪些轨道空间站呢？"

有苏联的礼炮号和和平号（后属俄罗斯）、美国的天空实验室、欧洲空间局的空间实验室、由多个国家合作建造的国际空间站，以及中国的天宫号空间站。

国际空间站于 1988 年发射，和一个足球场差不多大。在宇宙空间，即使建造这么大的建筑，我们也不需要柱子和支架，人们就像在搭积木一样，一点儿一点儿地为宇宙空间站"添砖加瓦"。

天宫号空间站的天和核心舱于 2021 年 4 月升空并顺利进入预定轨道，标志着中国空间站建造全面开启。

"希望有一天我也能去这些空间站做客！"

很遗憾，上面提到的大部分空间站都已经退役了，目前，只有国际空间站和中国的天宫号空间站仍在运行。

国际空间站
ISS

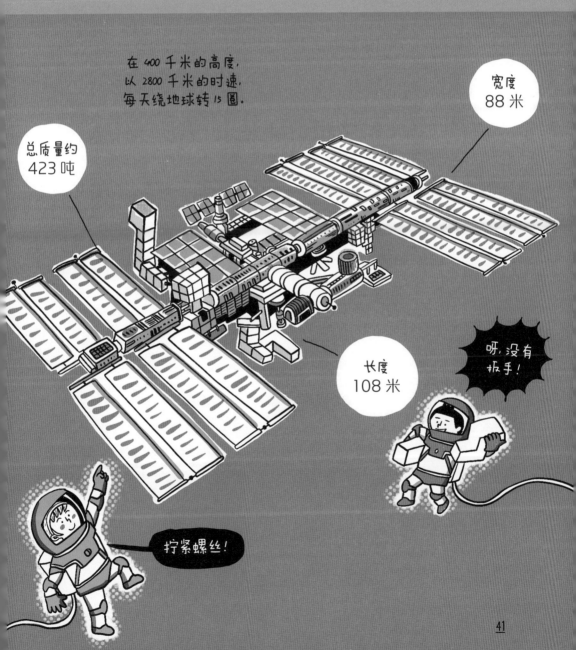

在 400 千米的高度，以 2800 千米的时速，每天绕地球转 15 圈。

宽度 88 米

总质量约 423 吨

长度 108 米

呀，没有扳手！

拧紧螺丝！

此时此刻，空间站正围绕着地球转动。

"难道不会掉下来吗？"

不会掉下来哟！

不对，其实空间站也会向地球坠落。就像苹果会从苹果树上掉下来一样，空间站也会坠落！

"呃，那为什么空间站没有掉下来呢？"

因为地球的引力吸引着空间站，同时空间站也在以非常快的速度向前运动着，所以它既不会飞到宇宙中去，也不会坠落到地球上，而是会一直围绕着地球转！

月亮和人造卫星也是同样的道理，所以它们都围绕着地球旋转。

让我们扔一颗苹果！

如果苹果以非常快的速度被扔出去，它会在围绕地球转了一圈之后，砸中你的后脑勺！在苹果击中你之前，你一定要快速躲开哟！因为如果达到了这个速度，这个苹果会一直绕着地球运动，它是不会停下来的！

此时苹果在做**轨道运动**！

异想天开，苹果的轨道运动

我们究竟要以什么样的速度把苹果扔出去，它才不会掉到地上，而是围绕地球转了一圈之后，再砸中你的后脑勺呢？

　　如果我们假设这个苹果离地面的高度为零，又不计空气阻力，那么这个苹果飞出去的速度需要达到 7.9 千米 / 秒，这就是第一宇宙速度！

　　有些科学家想发射人造卫星，还有一些科学家想发射轨道空间站。

　　但是由于空气阻力的存在，以及物体不同的入轨点高度，无论他们想要发射什么，为了实现他们的目标，科学家每天都在做这类计算！

05

为什么飞到宇宙会这么困难

为什么我们很难飞到宇宙中去呢？

首先，飞到宇宙中要花非常非常多的钱！而且宇宙飞船造价特别特别贵！

此外，还有一个原因，假设我们想把一个苹果送到近地轨道上，需要花费约 6 元。

"什么嘛，并没有很贵呀。"

但是，如果我们想要把这个苹果送到月球上，需要投入的钱就会高达约 6 万元。如果它想飞到火星，我们就要花掉约 60 万元了。因为在把苹果送往宇宙的同时，还要把全部燃料都背在身上。

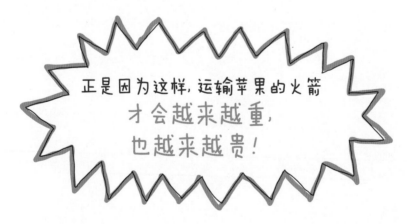

正是因为这样，运输苹果的火箭才会越来越重，也越来越贵！

苹果很难离开地球，就是因为**地心引力**的存在！

地心引力会把所有东西都吸引到地球上。月球、苹果、云朵及雨滴，无一例外！小朋友们可以在地球上行走，也是因为受到了地心引力的影响。如果地球没有引力，我们就会被"弹"到宇宙中，迷失在宇宙中了。

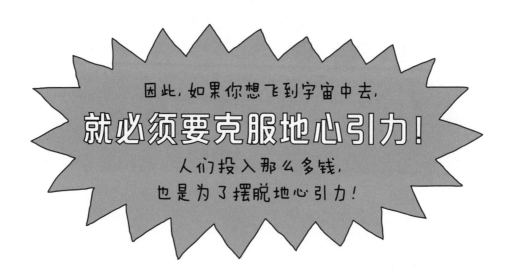

因此，如果你想飞到宇宙中去，

就必须要克服地心引力！

人们投入那么多钱，
也是为了摆脱地心引力！

如果地球不再拥有引力，我们随手丢出去的苹果就可以飞到月球上了。当然，想要从地球飞到月球，还是需要一些时间的。苹果会一直不停地飞，或许在飞行445天之后会掉在月球上。或许在飞行248年之后，它应该就会到达火星了。如果给它足够长的时间，苹果还可以飞到银河系外的星系中，而且这样的旅行几乎是免费的！

免费飞往宇宙的苹果

火星

248 年以后

如果没有地心引力……

但是，地心引力是实实在在存在的。让我们扔一个苹果试试吧。砰！它会重新掉到地球上。

"怎样才能把苹果送到宇宙中去呢?"

加速，让苹果飞得更快，飞得越来越快！如果不计空气阻力，当苹果的飞行速度达到11.2千米／秒的时候，苹果就能脱离地球，飞向宇宙！ 11.2千米／秒就是可以摆脱地心引力的**第二宇宙速度**！阿波罗号宇宙飞船飞往月球的时候，就是以接近11.2千米／秒的速度乘坐土星五号运载火箭飞走的！

土星五号运载火箭是一枚名副其实的"怪物"火箭。它重达2 800吨，高达111米，和一栋36层的建筑物差不多高，是一枚非常巨大的火箭。火箭发射后还不到2分钟，土星五号运载火箭的速度就达到了9 700千米／时！纵观历史，还没有任何一枚火箭的推力可以与土星五号运载火箭相媲美。

完成了13次伟大飞行的土星五号运载火箭在很久以前就退役了。现在，它正威风凛凛地"站在"博物馆里，继续向人们展示着自己的威仪。

这样一个庞然大物可以摆脱地心引力，成功飞向宇宙，真让人难以置信呀！

总长度
111 米

三级火箭

质量
2 800 吨

有效载荷
近地轨道 118 吨
逃逸轨道 43.5 吨

火箭发射时产生的推力
3 450 万牛顿
土星五号用于登月的燃料
大约可以让一辆汽车环球
旅行 800 次。

发射失败率
0

怪物火箭土星五号运载火箭

土星五号运载火箭是全人类目前最强的太空火箭！
它 3 次把阿波罗号宇宙飞船带到了月球，把探测器送到了水星和金星，
还将天空实验室空间站送入了近地轨道！

火箭究竟是利用什么科学原理飞行的呢？

火箭飞行的理论依据就是**作用与反作用定律**！

"那是什么？"

试着用手掌推一推墙壁吧。这时，会有同样的力量作用在你的身上！你感受到墙壁按压手掌的力量了吗？这一次，握紧拳头，再用拳头狠狠地砸向墙壁吧！

"砰！"这时墙壁对你的反作用力就是你用拳头砸向墙壁时使出的力量！

"怎么可能呢！"

你在用力推墙的时候，墙壁对你也是有反作用的，而且作用和反作用的力恰好相同。正因为如此，你的手掌才会感受到疼痛！当我们向某个物体施加一个力的时候，在反方向会产生同样的力。这就是作用和反作用定律的内容。现在让我们把气球吹大，然后再松开气球的充气口！我们会发现气球内的空气会很猛烈、快速地泄漏出去。这时，在空气喷射的反方向会产生同样的力，正是这个原因，被放了气的气球才会飞走。这个原理同样可以用来解释为什么火箭能飞向宇宙。

"发射火箭的原理和气球飞出去的原理是一样的?"

没错!在高温高压下可燃物燃烧时会产生气体,这些气体会快速从火箭的尾部喷出。火箭就是借助这样的反作用力飞往宇宙的。

只要作用与反作用定律还成立,火箭飞向宇宙就不成问题。

"那什么才是问题呢?"

问题就出在燃料上!

火箭在飞行的时候,必须把需要用到的燃料全部背在身上。

让我们想象一下!如果我们想开车环游世界,必须在出发前就把需要用到的汽油全部装到车的油箱里。你能想象出我们需要一辆多么庞大的车吗?

宇宙旅行需要用到的燃料是非常多的。目前,火箭科学家的目标就是把这些燃料装到尽可能小的容器中。

06

飞往宇宙的故事

宇宙太辽阔了，星星之间的距离也非常遥远。

即使想飞到离地球最近的恒星——太阳，如果汽车以100千米/时的速度飞行，需要大约150万年。如果换成阿波罗号飞船，则需要飞大约20万年。

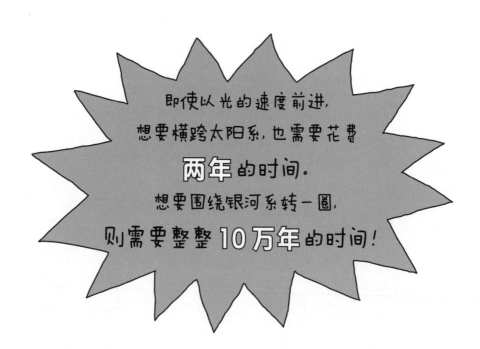

即使以光的速度前进，
想要横跨太阳系，也需要花费
两年的时间。
想要围绕银河系转一圈，
则需要整整**10万年**的时间！

除了速度不够快，人类进行宇宙旅行还有一个大问题——怎么进入太空？目前大多采用运载火箭发射的载人宇宙飞船。

　　直到现在，世界各地的工程师和科学家都在研究所里埋头工作。他们不停地进行计算、测量、实验，就是为了建造出一枚更小、更轻的航天器，实现以更低廉的价格飞往太空的梦想。

　　对于使用化学燃料获得推力的火箭来说，它们在运载燃料的过程中会消耗掉一部分燃料。如果想要飞得更远，就不得不装上更多的燃料。但是燃料装得越多，火箭的质量也会随之变得更大。为了确保它们可以获得足够强大的推力，就只好为火箭准备更多的燃料。所以，用于运载燃料本身的燃料就会越来越多，我们必须不停地往火箭或航天飞机装更多的燃料。

发射

科学家们很想发明一种新技术，其消耗的能源比化学燃料消耗的能源少，飞得却更远。

　　目前世界各地都在举办儿童火箭大赛，也许孩子们的奇思妙想真的可以为新技术提供新的思路！

我可不会在新型火箭上装那些沉重的燃料了。

　　我们需要新技术，不需要燃烧燃料也可以把宇宙飞船送到宇宙中。

　　目前人们提出的很多种设想都可以实现这一目标，激光推进技术就是其中之一，它在诸多候选技术中排在第一位。目前，激光推进技术主要有火箭推进模式和大气吸气模式两种。火箭推进模式是指激光加热飞行器自身携带的能源，使其产生高温高压的等离子体，经喷管喷出产生推力。大气吸气模式将由进气道吸入的空气作为媒介，激光击穿空气，产生激光支持的等离子体爆轰波，从而推动飞行器运动。

　　"用激光就可以飞到宇宙？太厉害了！"

激光推进技术发生事故的概率较低。与此相反，使用化学燃料推动航天器飞入宇宙的危险系数就比较高了。1986年，挑战者号航天飞机发射之后仅仅飞了73秒就爆炸了。在这次事故中，舱内航天员全部遇难。2003年，哥伦比亚号航天飞机在完成任务回到地面的途中，在空中发生解体，航天飞机上的7名航天员也全部遇难。因为燃料桶中装有非常可怕的易爆物，所以即使只是一个小小的失误，也会引发恐怖的意外。

此外，引力弹弓也是一项不需要燃烧燃料，没有爆炸危险的技术。引力弹弓又叫绕行星变轨，这项技术利用了行星或其他天体的相对运动和引力，以此改变飞行器的轨道和速度，节约燃料和时间成本。

这就是引力弹弓的模型，你们想看一看吗？

嗖！利用引力弹弓飞到宇宙中去！

未来的某一天，也许你也可以利用引力弹弓在宇宙中旅行呢。

哇！如果真的有这样一天，那就太棒了！

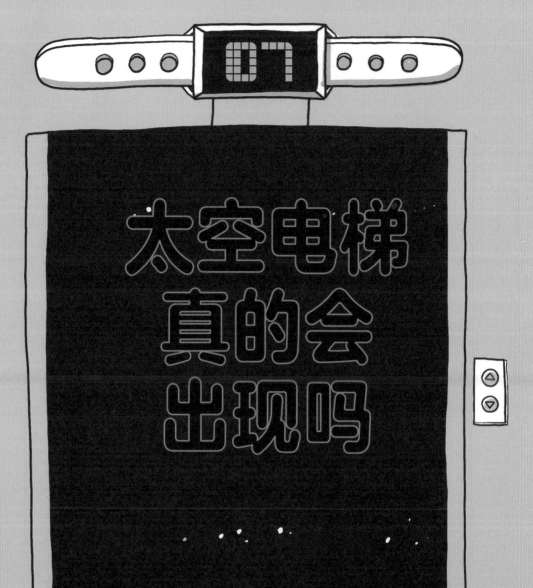

100 年后的一天

也许在 100 年以后，我们就可以乘坐太空电梯去宇宙了。到了那个时候，我们就不用再坐在可怕的"爆炸物"上，也不会感到头晕眼花了。

"你是说太空电梯吗？"

1895 年，物理学家康斯坦丁·齐奥尔科夫斯基首次提出了这个想法。

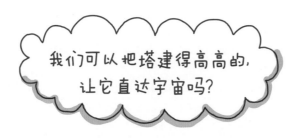

我们可以把塔建得高高的，让它直达宇宙吗？

唰唰唰！在进行了很多次计算之后，科学家最终发现，如果世界上真的有一座非常非常高的塔，高到可以抵达近地轨道，那么它是绝对不会坍塌的！

"为什么把塔建得高高的，它就不会坍塌了呢？"

因为一个非常简单的物理定律。

我们在绳子的一端拴上一块石头，然后快速地转动。这时，我们会发现，因为离心力的存在，快速转动的石头是不会掉下来的！

建起一座高高的塔，
从地球出发，把它送到近地轨道
然后把电梯拴在上面！
最后，把塔转起来！一圈又一圈！

"怎么才能让塔转起来呢？"

我们当然不用把塔转起来。因为地球本身就在快速地转动呀！宇宙空间里的地球正在快速地自转，赤道的线速度达到了约1600千米/时呢！

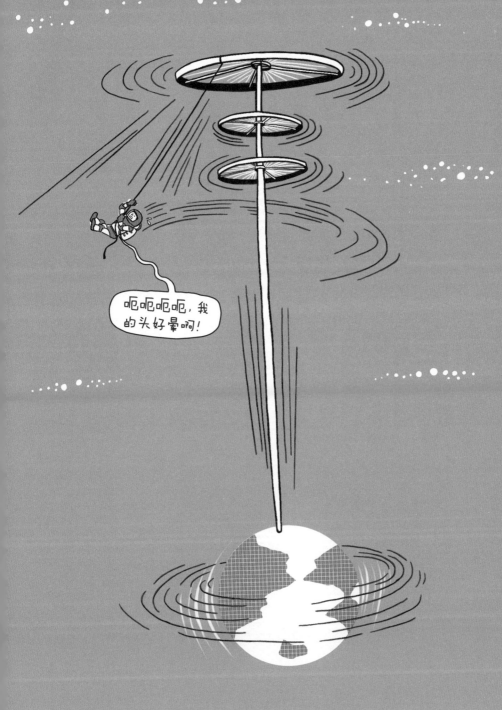

我们可以利用离心力建一部太空电梯!

在高高的塔上拴上一部电梯,地球会带着它们一起飞快地转起来!

绝对绝对

不会掉

在高高的塔上建造电梯！这样我们就可以乘坐太空电梯到达宇宙了！我们可以坐着太空电梯上上下下，在地球和宇宙中来回穿梭了！

但是，太空电梯是由什么材料建成的呢？

"应该是钢铁吧。太空电梯一定要结实嘛！"

不可能。从地球表面到地球同步轨道的距离足足有3.6万千米！如果用钢铁来修建这座塔，只要塔的高度超过50千米，它就会轰然倒塌。在地球上，任何建筑物的高度都不太可能超过1千米。

"那我们该怎么办？"

康斯坦丁·齐奥尔科夫斯基的设想也就此止步了，因为他并没有找到建这座塔的办法！

直到1957年，另一位科学家尤里·阿特苏塔诺夫提出了一个颠覆性的想法。他提出，我们可以放弃传统的方式，不再从下往上建这座塔，而是改变方向，从上而下地修建太空电梯！

把人造卫星射入轨道，从那里放下缆绳。不停往下放，直到抵达地球！这的确是一个非常了不起的想法！

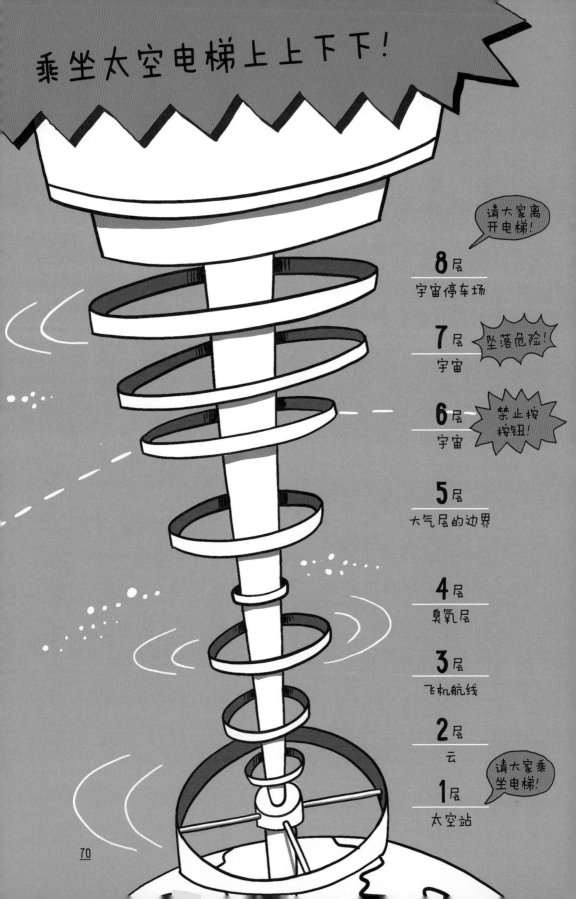

1991 年，人们发现了一种新型材料，它非常适合用来制作太空电梯的缆绳！它就是**碳纳米管**！碳纳米管比头发丝细 10 万倍，却比钢铁结实 100 倍！

碳纳米管由碳元素组成。

如果碳原子一层又一层地重叠堆积，它们最后就会变成石墨，也就是铅笔芯的主要成分！如果碳原子都排列成一排，被卷成了圆管状，那么它们就会变成碳纳米管了！

魔法物质

生产碳纳米管是一件很困难的事。虽然有很多科学家在实验室里苦心钻研，却还是只能生产出非常少量的碳纳米管。不过，相信总有一天，我们能够大量生产碳纳米管。在不久的未来，科学家们就会带着碳纳米管飞到空间站，从那里把长长的缆绳放下来，直到抵达地球。

怎样才能让太空电梯开始工作？

像普通的电梯一样来设计太空电梯是完全行不通的！为了找到更好的解决办法，美国、日本、俄罗斯等国家的科学家纷纷开始探索。

美国国家航空航天局组织了"太空电梯设计大赛"，并设立了非常高的奖金。

日本成立"日本太空电梯协会"，集合了这方面的专家。2013年，日本教授青木义男试制的登山者电梯，成功升到了离地1 200米的高度。

　　不过，目前所做的实验只能说和太空电梯的相关技术沾边，距离真正实现还很遥远。因为人类目前还没有找到在工程上可行的方案。

　　除此之外，在建造太空电梯的过程中，还需要考虑如何躲避太空碎片，以及可能会撞上来的人造卫星，因为这些情况可能会导致电梯被撞裂！

　　另外，地球的转动并不是完全规则的，因此太空电梯在随之运转的过程中，可能也会遇到各种问题。

08

反物质能量

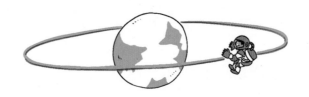

　　也许在未来，心情不好的时候，我们就可以乘坐太空电梯去宇宙散心了！从那里看地球，会是一种什么心情呢？

　　不过，仅仅凭借太空电梯，我们是没办法真正脱离地球的，甚至没办法超越人造卫星运行轨道的高度。

　　如果想要实现行星之间的旅行，甚至想要航行在不同的恒星、星系之间，我们就必须找出其他的办法。以目前宇宙飞船的速度，想要飞到离太阳系最近的恒星也需要大约 7 万年的时间。如果没有外星人经营的"加油站"，我们去哪里才能找到能飞 7 万年的燃料呢？

"要是我们见不到外星人呢？"

别担心！宇宙中是有天然"加油站"的，而且还是完全免费的！现在，这个免费的补给站就在你的头顶，正在空中闪闪发光呢。

它就是太阳，它可以推动宇宙飞船前行！

"太阳是怎么推动宇宙飞船前行的？"

太阳外层大气不断地向外射出带电粒子流，这些带电粒子流的运动速度非常快，我们把它称作**太阳风**！而非太阳射出的类似的带电粒子流常被称为恒星风。

因为地球的大气层会把大部分太阳风阻挡在外，所以我们不太能感受到它的存在。但是在宇宙中，太阳风的能量是非常巨大的。只要有太阳风，推动宇宙飞船前行就不成问题了。

装上了太阳帆的宇宙飞船在等待。

它们迎着太阳风，向前，再向前！

也许未来的
宇宙飞船
可以带着巨大
的帆
在恒星之间
遨游了。

据科学家推测，未来的太阳帆飞船可以以 3 000 千米/秒的速度前行。以这样的速度前行，大约 400 年以后它就可以抵达离我们太阳系最近的恒星了。

为了完成这个目标，科学家们还需要解决很多问题。因为太阳帆必须比蜘蛛网还要薄，还必须非常大。

我们应该用什么材料做出又薄又大的帆呢？我们要做些什么才能让它安全地升入太空，而不会在途中被弄皱？我们应该怎样把帆展开？抵达宇宙之后，帆会一直保持展开的状态吗？

经历了无数次的失败之后，终于在 2010 年的时候，人类制作的太阳帆飞船首次飞入宇宙！

伊卡洛斯号太阳帆飞船就像一只风筝，展开了巨大的菱形太阳帆，凭借太阳风的力量前行。

它已经飞过了金星，继续向背对太阳的方向航行。

尽管太阳帆飞船的前景一片光明，但对于宇宙科学家们来说，他们的终极梦想仍然是**反物质**。

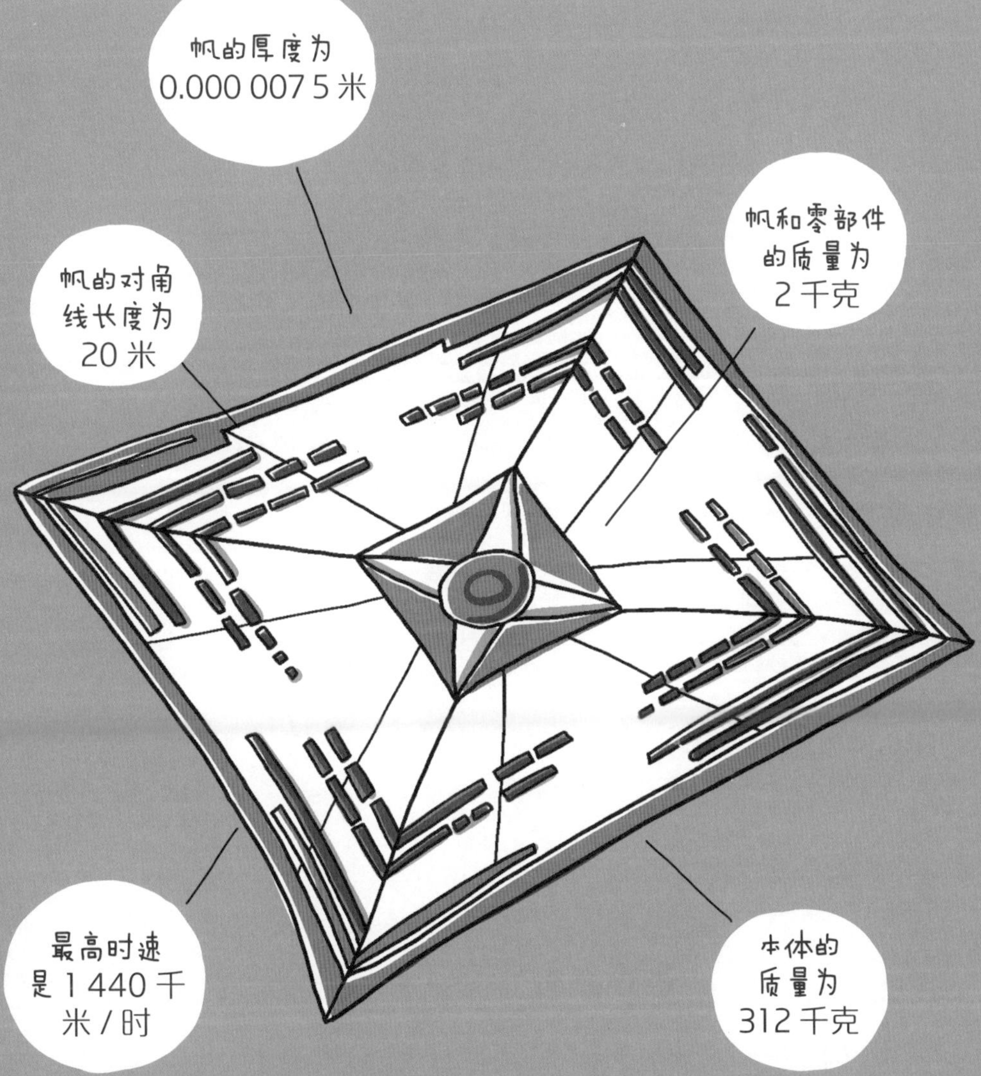

帆的厚度为
0.000 007 5 米

帆的对角
线长度为
20 米

帆和零部件
的质量为
2 千克

最高时速
是 1 440 千
米 / 时

本体的
质量为
312 千克

伊卡洛斯

人类最初的太阳帆飞船

也许未来我们就是用反物质的力量完成太空旅行的。只需4毫克的反物质，我们就可以飞往火星。如果我们有100克的反物质，飞往半人马座比邻星也不在话下！

"不过你说的反物质是什么？它们在哪里？"

反物质就是与现有物质性质相反的一种物质。它们就藏在宇宙中！反物质和物质互相对立，性质和物质相反，例如，普通的电子带负电，反物质的电子则带正电。反物质一旦遇到物质，两者就会湮灭，并爆发出巨大的能量。

0.000 000 000 01 克
反物质的价值可能高达
近 10 万元！

现在，我们在实验室也可以制造反物质了，但是制造反物质的成本非常高昂，难度也非常大。目前，只有欧洲核子研究中心和美国费米国家加速器实验室等机构拥有可以让粒子高速碰撞，来制造反物质的设备。

不仅如此，即使想要制造出非常少的反物质，也需要为此耗费巨大的能量。想要制造出和"蚂蚁的泪珠"等量的反物质，就不得不让整个村落都断电。

卖 反物质喽

总有一天，我们可以在工厂批量生产反物质，还能以低廉的价格买到反物质。

嗯嗯！

人们不再需要汽油，因为反物质代替了汽油。

反物质加油站

加500元的反物质。

反物质加

轰！

也许有一天，人们在商店里就可以买到反物质。那时，工厂运转的能源来自反物质，汽车行驶时消耗的是反物质，用反物质给手机充一次电，就很久都不需要再次充电了！

这样的未来真的会到来吗？

2006 年，欧洲 PAMELA 粒子探测器
发现了反物质带！

PAMELA 是"反物质 - 物质探测和轻核子天体物理学载荷"的英文缩写。科学家们发射它是为了研究来自太阳及太阳系其他空域的高能粒子，即宇宙射线。

当 PAMELA 飞临"南大西洋异常区"上空时，探测器探测到了反质子聚集区，这说明这一区域或许存在着反物质带。这些反质子被困在磁场带中，直到它们遭遇正常粒子并发生湮灭反应而消失。

"反物质带竟然离我们这么近？"

千真万确！

"那这些反物质是怎么产生的呢？"

高能宇宙射线以极快的速度撞向地球，打碎地球上层大气中的分子，大量的自由粒子爆发。于是——

反物质就出现了！

我们不需要粒子加速器，不需要在地球上制造反物质了。我们可以直接从宇宙中收集反物质！

但是，相对于获取反物质，储存这些反物质更加困难，这才是真正的难题。

因为在物质和反物质相遇的瞬间，它们就湮灭了。即使是太空舱或者超强金库，也无法避免这样的结果。无论它多么结实，只要是由物质构成的，在相互接触的瞬间，反物质就会立刻消失！所以，我们没有办法把反物质装进由物质构成的容器中。

"那我们应该怎么办？"

我们可以利用磁场储存反物质，把它放在磁场网或者磁场瓶中！

"磁场是什么？磁场不是物质吗？磁场是不是磁铁吸引铁的那种力量形成的呀？"

当然不是。现代科学已经证明，任何物质都具有磁场，只是有的物质磁场强，有的物质磁场弱。也就是说，虽然我们无法用眼睛看到磁场，也没有办法用手触摸到磁场，但磁场是普遍存在的。如果磁场的力量足够强大，甚至可以抬起火车！

你有没有坐过磁悬浮列车？**磁悬浮列车**就是通过在轨道和列车之间制造强大的磁场，由此让列车悬浮起来的。你们知道吗？磁悬浮列车运行的时候是悬浮在轨道上的！

也许在未来的某一天，我们可以把反物质储存在磁场中，然后利用反物质作为能源来一次宇宙旅行！

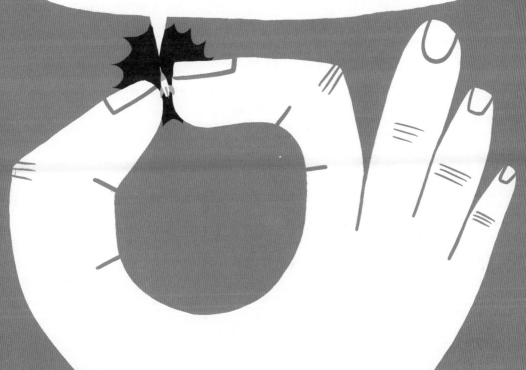

　　提到宇宙飞船，人们就会想起《星球大战》中的企业号，或者《星际穿越》中的永恒号，它们都非常大，搭载了各种各样先进的设备，带着航天员一起飞入宇宙。

　　但是，并不是所有宇宙飞船都必须如此庞大！

　　如果有一艘和指甲一样小，或者和一根针一样小的宇宙飞船会怎样呢？

　　和体积庞大，需要消耗大量燃料的大型宇宙飞船相比，科学家有时需要的是迷你的纳米飞船。这样的宇宙飞船不仅需要的燃料少，而且以接近光速的飞行速度来飞行也更加容易！

　　不仅如此，因为纳米飞船不需要重新回到地球，所以比带着航天员一起飞入宇宙的宇宙飞船更加高效。

　　纳米飞船中有一个指甲大小的芯片，上面有太阳能电池、电波传输机、摄像机和传感器等装置。

这个芯片使纳米飞船可以轻松地完成普通宇宙飞船的任务。比如，飞到遥远的宇宙、拍摄行星和恒星的照片、分析大气成分、把收集到的资料传输回地球等。不仅如此，纳米飞船还可以做一些普通宇宙飞船做不到的事。比如，它们可以复制出更多的纳米飞船！

未来，只需不到100元就可以建造一艘宇宙飞船。我们会把数百万艘纳米飞船发射到宇宙中！

抵达系外行星或卫星之后，纳米飞船会就地取材，进行自我复制，把落脚地当作新的基地，再把复制出来的纳米飞船送到更远的地方。

拥有数百万艘纳米飞船的飞船军团飞到宇宙中。如果其中的几艘纳米飞船可以抵达离太阳系最近的恒星，我们就会收获巨大的成功！

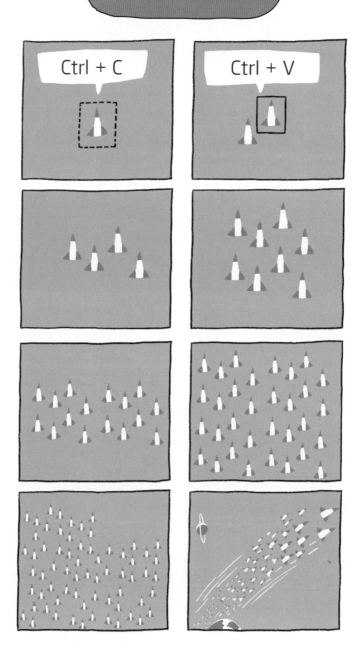

通过纳米飞船制造新的纳米飞船，新的纳米飞船再复制出更新的纳米飞船，它们可以不停地从一个行星飞到另一个行星！比现有的宇宙飞船快1000倍。

纳米飞船的质量只有几克，和一枚邮票的大小差不多。纳米飞船会带着各种装置，带着太阳帆，飞向宇宙。

2016年，史蒂芬·霍金和富有的互联网企业家尤里·米尔纳联合发布了一个计划——

在未来的20年内，我们会把宇宙飞船发射到半人马座的阿尔法星！

"大概什么时候才会抵达那颗恒星？"

再等一等吧！研发和建造飞船需要20年，飞到半人马座的阿尔法星需要20年，纳米飞船把拍到的照片发回地球还需要4年。

也许44年以后，我们就可以收到来自半人马座阿尔法星的消息了！谁说得准呢？也许我们还能获得关于外星人的消息呢！

"什么？我现在 12 岁，你要让我等到 56 岁？"

"如果你觉得等待太无聊，就去找一找虫洞吧！"

"虫洞又是什么？"

虫洞可以横跨时间和空间。

它是一种"魔法通道"，可以把遥远的时间、空间连接起来！

虫洞是否真的存在

10

让我们想象一下!

　　睡醒之后,你推开了窗户,让人意想不到的事情发生了!窗前竟然站着一只大恐龙!你又推开了大门,准备去上学,结果却发现门前并不是你每天都能见到的那条马路,而是月球的火山口。真不知道它是从哪里冒出来的!就像《哈尔的移动城堡》中的情节,每次打开大门,你都可以看到完全不同的世界。

　　然而,通常情况下,当我们推开窗户时,我们都会坚信窗前的景色与昨天的没什么两样。打开大门的时候,我们也不会期待,或者担心自己会掉到另一个陌生的世界。

我就很想掉进另一个世界呀！

让我们立刻出发，一起去寻找虫洞吧！

"虫洞是什么？利用虫洞就可以去另一个世界吗？"

虫洞是宇宙中可能存在的连接两个不同时空的狭窄隧道，它可以连接平行宇宙和婴儿宇宙，从而让时空旅行成为可能。

你知道我们生活在一个**单连通空间**里吗？

"那是什么意思？"

我们用绳子做一个套索，用力拉紧。这样一来，套索就会不断地变小，如果我们继续用力，圆圆的套索就会变成一个结实的结，也就是一个小小的点。数学家把这样的空间叫作单连通空间。接下来，再想象一下，如果套索中间有一个类似卷筒纸纸筒芯的圆柱体，无论我们使出多大的力气，套索都不会变成一个点。因为圆筒就卡在中间。这样的世界就被称为**复连通空间**。

可以拉紧，
这是一个单连通空间。

纸筒芯卡在中间，
这就是复连通空间。

在我们生活的世界中，会不会也有一个像纸筒芯一样的隧道呢？这样的隧道会不会真的存在于宇宙的某个地方？

如果它真的存在，那么它就是**虫洞**了！

虫洞并不是魔法。
数学家和理论物理学家正在
非常严肃地研究虫洞。

如果虫洞真的存在，我们就能利用它瞬间移动到非常遥远的地方或另一个世界，甚至进行时空旅行！

为什么这个通道叫作"虫洞"呢？我们可以假设有一只生活在大苹果表面的蚂蚁。当蚂蚁想从一个点爬到对面的时候，它没必要绕着苹果转一大圈。相反，它可以从苹果的中间"啃"出一条路来！可以跨越时间、空间的通道和虫子挖出的洞很相似，所以人们便称这个通道为虫洞。

"如果虫洞真的存在，那虫洞在哪里呢？"

没有人知道答案。

在虫洞附近，我们必须多加小心，因为掉进虫洞可能是一件很危险的事。你可能会掉进一个奇怪的世界，而那里的一切都与你学到的法则背道而驰。

《爱丽丝漫游仙境》的作家刘易斯·卡罗尔博士不仅是一位作家，还是一位知名的数学家和理论物理学家。

"真的吗？"

也许刘易斯·卡罗尔博士在 1865 年创作爱丽丝、白兔先生和红桃皇后的故事时，就参考了虫洞的现象。

掉进虫洞

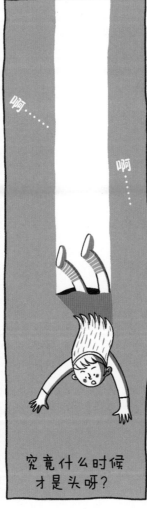

不过，虫洞存在的可能性还是非常大的！

因为科学家们发现，宇宙并不平坦，有许多弯曲的四维空间。

我们在纸上画两个相距很远的点，然后弯曲这张纸。我们会发现，这两个点的距离被拉近了。如果宇宙的时间和空间也处于这样弯曲的状态，那么虫洞也许就真的存在于宇宙的某个地方了。

如果有比地球更加先进的地外文明，他们会不会很早就破解了虫洞的秘密，现在正得心应手地在生活中利用虫洞呢？

　　人类的基因与黑猩猩的基因只有大约 2% 的差别。但是，仅仅凭借这一点优势，人类就可以写出诗歌，可以创作音乐，并且发现了万有引力定律，还建造了宇宙飞船，成功抵达了月球。如果存在和我们的基因相差 2% 的地外文明，他们究竟会发现什么呢？

系外行星智能探测项目

11

关于地外文明
——费米悖论

1950年，获得诺贝尔奖的物理学家恩利克·费米和他的同事们在一家餐厅里。

究竟有没有外星人？

有的！

我赌没有！赌100元！

为什么我们从来没见过外星人？

如果有，他们都在哪儿呢？

费米！

宇宙非常辽阔，宇宙中有很多颗恒星和数不清的行星。所以世界上一定有外星人！

　　地外文明是否真的存在呢？如果存在，他们又在哪儿呢？

　　如果真的有地外文明，为什么我们从来没有听说过关于他们的消息？

　　宇宙中真的只有我们吗？

　　宇宙中有数千亿个星系，每个星系中都有数千亿颗恒星。太阳只是许多颗恒星中的一颗，一颗有 8 颗行星围绕着它旋转的特别的恒星。

　　在如此辽阔的宇宙中，如果生命体只存在于地球上，岂不是非常奇怪？

　　1992 年，人类第一次发现距离地球 10 光年以外的恒星也是拥有行星的。当我们发现其他恒星也拥有行星的时候，整个地球上的人都为之震惊！

2009 年，为了探测系外类地行星，开普勒太空望远镜被送入太空。2018 年，凌日系外行星探测卫星（TESS）也紧随其后，飞向宇宙！

我们发现了很多环绕着其他恒星的类地行星，而且更多的这类行星还在不断被人们发现。

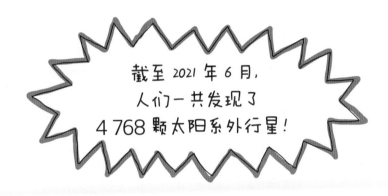

截至 2021 年 6 月，人们一共发现了 4 768 颗太阳系外行星！

"宇宙中竟然会有这么多系外行星？"

人们一定会发现更多的系外行星。也许宇宙中的行星比恒星还要多！

"这些行星会不会也是某些生物的家园呢？"

这个问题至今没有人可以解答。很遗憾，到目前为止，人们发现的大部分系外行星都属于气态巨行星，它们和木星或海王星一样，体积巨大，主要由气体组成。这些行星上是不太可能存在智慧生命的。

"为什么没有呢？"

因为巨大的气态行星的表面并没有坚实的地表。

"生命体可以像气球一样飘浮在空中呀。"

这个设想真不错！但是我们可能无法与那种形态的生物沟通。即使系外行星上真的有生命体，如果他们很独特，或者还处在低等文明阶段，他们还是没办法和我们取得联系呀。

所以与地外文明取得联系的前提条件之一，就是他们的智慧水平至少要与我们相当，或者比我们更加聪明。如果地外文明确实存在，而且他们也和我们一样，都在寻找外星文明，那么他们就一定会收到我们的消息！

"怎么做？难道我们要利用鸽子飞鸽传书吗？还是要通过宇宙飞船来完成这项任务？"

宇宙空间里有各种各样的**电波**！恒星就可以发出电波。电波会以宇宙中最快的速度发射出去。宇宙中的电波无处不在，它可以穿透恒星、灰尘和气体云，飞到很遥远的宇宙空间。

如果想要与地外文明建立联系，那么无论是外星人，还是地球人，也许都需要了解电波，并懂得怎样利用它！

人类了解电波的时间并不长。在地球上，人类发现和利用电波的历史不足150年。也许正因为如此，我们才一直都没有接收到外星人发来的消息吧。

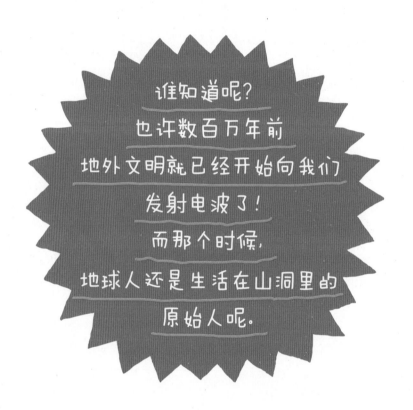

谁知道呢？
也许数百万年前
地外文明就已经开始向我们
发射电波了！
而那个时候，
地球人还是生活在山洞里的
原始人呢。

原始人既没有手机，也没有天线，他们怎么会收到电波呢？也许是因为地外文明没有收到反馈，所以认为地球上并不存在智慧生命，从而转身离开了。

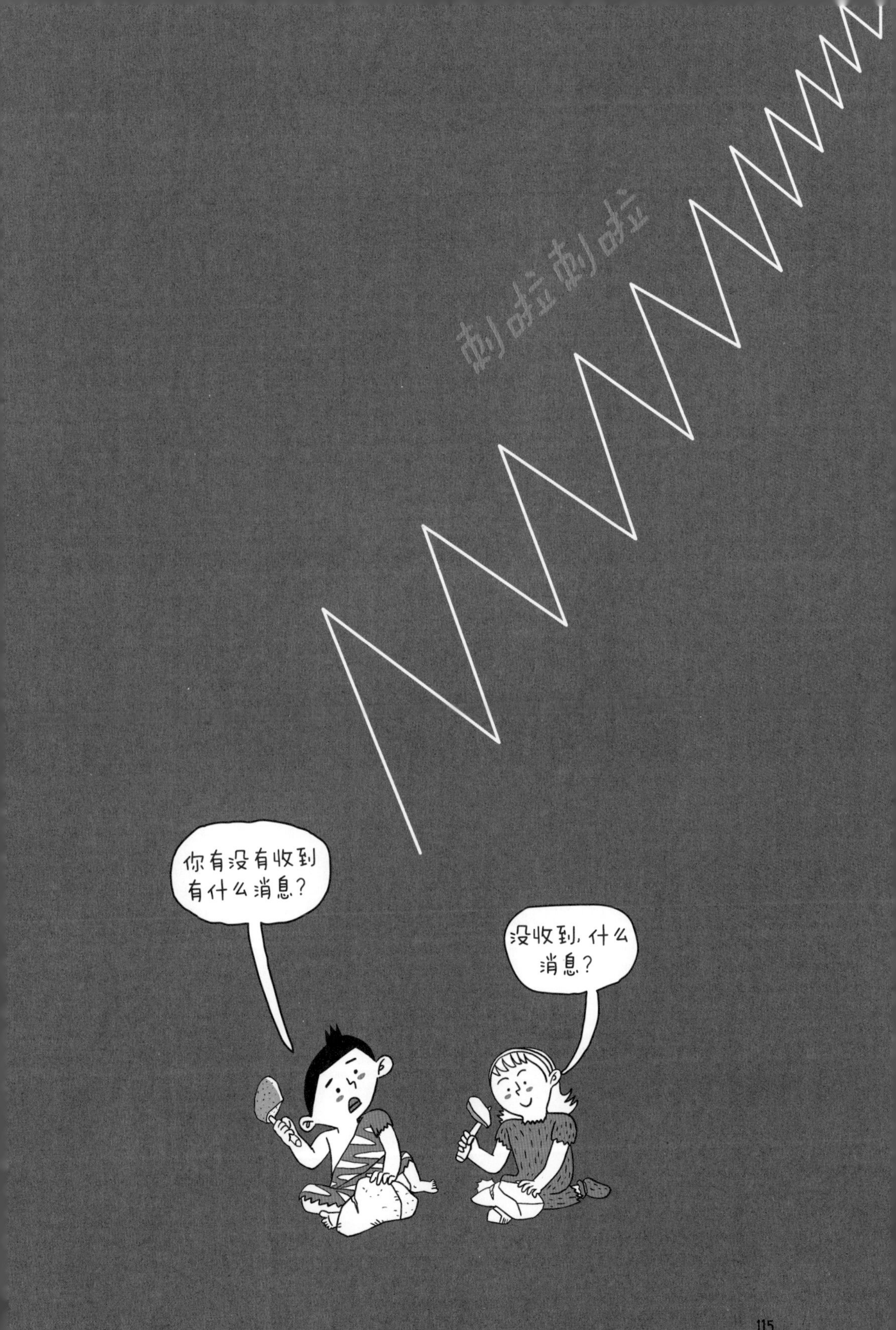
刺啦刺啦
你有没有收到有什么消息？
没收到，什么消息？

电波也许是全宇宙通用的通信手段。

虽然我们直到最近才发现并学会利用它，不过在生活中人们已经广泛地利用电波了。

如果距离我们不远的地方真的有外星人，那么他们现在应该已经收到我们发出的消息了。因为收音机和电视机发出的电波从地球出发，已经在宇宙中飞了50多年。只不过，至今我们还没有收到过任何从宇宙发回的消息。

"一定是因为地球的广播和电视节目太无聊了。"

如果外星人也在使用电波，那么他们的电波也会飘荡在宇宙中。也许有一天，我们可以捕捉到外星电视节目的信号。

打开天线，搜寻并捕捉外星人的电波！

这就是**阿雷西博射电望远镜**做的工作，它执行的是**搜寻地外文明计划**（SETI，又名"凤凰计划"）！

曾经，阿雷西博射电望远镜会 24 小时不间断地接收宇宙中的电波，随后由超级计算机处理这些数量庞大的数据。1995 年，由于人们无法从这项工作中获得收益，得不到持续性的研究经费，差点儿导致计划中断。

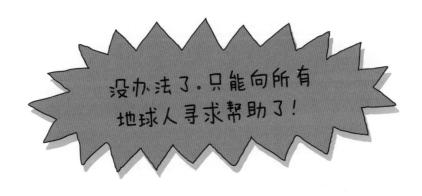

为了继续研究，当时，科学家们在网上公布了 SETI 屏幕保护计划。

如果人们下载了相关软件，计算机在不工作的时候就会自动运行 SETI 的分析程序。这样一来，全世界的个人计算机都可以助力搜寻地外文明了。

1974 年，阿雷西博射电望远镜向距离地球 25 000 光年的球状星团 M13 发射了一系列二进制代码信息。

这是地球首次向地外文明发射电波。电波承载了地球人写给外星人的信息。

阿雷西博射电望远镜发出的信息目前应该已经飞行了超过 40 光年的距离。

"阿雷西博信息都包含了哪些内容呢？"

那是关于地球的信息，是一封地球人写给外星人的信，我们想通过这封信告诉他们我们是谁，以及我们在哪里生活。

你想看一看这封信吗？

你好!

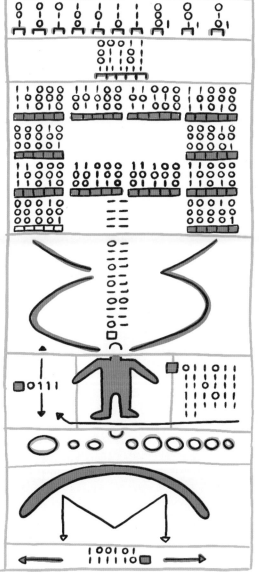

① 把十进制改为二进制的方法

② 生命必需的五种元素

③ 细胞核内分子的信息

④ DNA 结构

⑤ 人类的平均身高

⑥ 人类的模样

⑦ 1974 年的世界人口（43 亿）

⑧ 太阳系的模样
（我们生活在第三颗行星上。该信号发射时，当时普遍认为太阳系有九大行星，2006 年，冥王星被降为矮行星，"八大行星"的说法正式确立。）

⑨ 阿雷西博射电望远镜的样子

⑩ 阿雷西博射电望远镜的大小

2020 年，阿雷西博射电望远镜坍塌，无修复可能。探索宇宙是一场"接力赛"，中国的 FAST 将接受这个任务，等待着地外文明对这个信息的反馈。

直到今天，阿雷西博射电望远镜发出的信息仍然在宇宙中飞行。未来的 100 年、1000 年，它会继续往前飞。

阿雷西博射电望远镜发出的信息会告诉地外文明，我们就在这里！

你好！我来自一颗叫作地球的行星

"什么时候才能收到从宇宙发回的消息呢?"

也许是明天,也许是下个月,也有可能我们永远都等不到来自宇宙的声音。这是谁都无法预料的事情。

1961 年,美国的天文学家法兰克·德雷克计算出了我们的银河系内存在外星人的概率。

"真的吗?"

"概率有多少?"

根据德雷克公式,银河系内至少有 1 万种文明。

"这么多?"

"似乎不太对呀!"

如果真的有那么多文明,我们不是应该早就收到外星人发来的消息了吗?

德雷克公式

银河系内可能与我们
产生联系的文明数量

银河系内
恒星的数量 ✕ 恒星周围存在
行星的概率

✕

可发展出生命的
行星的概率 ✕ 以上行星发展出
生命的概率

✕ 外星生命演化至
高级文明的概率

✕

外星高级文明可
能发展出星际通
信技术的概率 ✕ 以上文明的预
期持续时间

会有多少
个呢？

会是多
少呢？

宇宙非常辽阔，恒星的数量也非常多。但是目前我们并没有在宇宙中发现任何文明。

　　宇宙中似乎只有地球存在生命。当我们慢慢开始了解太阳系外的世界、银河系外的宇宙，当我们对宇宙的浩瀚有了更加深入的了解之后，才意识到独自生活在宇宙之中是如此的孤独。

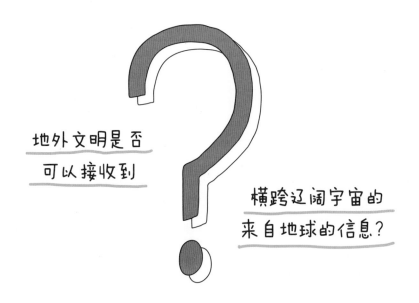

地外文明是否
可以接收到

横跨辽阔宇宙的
来自地球的信息？

　　1977 年，旅行者 1 号和旅行者 2 号离开地球，飞向宇宙。两艘旅行者号目前都已经完全飞离了太阳系，很快我们就无法继续和它们保持联系了。不过它们会继续前行，独自飞往黑漆漆的宇宙深处。

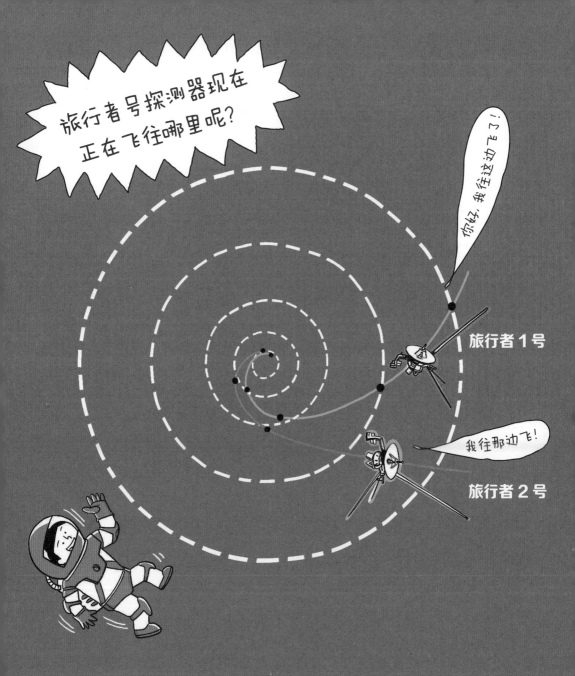

我们是人类历史上
最伟大的探险家!

旅行者号探测器携带着
来自地球的信息
在宇宙中飞行！

"来自地球的信息？"

没错。它就是由美国著名的天文学家卡尔·萨根和他的同事们精心挑选的"地球之声"。

他们制作了一张"地球之声"黄金唱片，内含115幅照片和图表、55种语言的问候、35种自然界声响、27种音乐。比如，座头鲸的歌声、贝多芬的音乐、风和雨的声音、海浪的声音、人类的脚步声、心脏跳动的声音、脑电波、马车飞驰的声音、汽车行驶的声音、飞机起飞的声音等，甚至还有土星五号运载火箭升入空中时发出的声音！

欢迎,来自外世界的生物。
——波兰语

宇宙中的朋友们,你们都好吗?有空请到这里玩!
——汉语(普通话)

你好,地球的孩子向你们问好!
——英语

旅行者号携带着的
地球人的问候

无论你是谁,我们向你问好,对你怀有善意。
——拉丁语

一切都好吗?
——韩语

嗨,你好呀,祝你们健康、幸福。
——汉语(广东话)

向所有人问好。
——西班牙语

127

你知道吗？旅行者号并不大，和一辆校车的大小差不多。就是这样一个由人类制造出来的物体竟然可以在宇宙中飞行至今。

　　旅行者号即将停止工作，不能再往地球发送任何信息。但是，在很久很久以后的未来，在数十亿年之后，即使太阳的寿命耗尽，地球变成了一个黑漆漆的"大煤球"，旅行者号仍然会携带着地球的信息，向遥远的地外文明飞去，向他们讲述地球的故事，一个曾经存在于银河系中的地球的故事。

　　如果未来的某一天，地球变得不再适合人类生存，人类不得不离开地球，我们应该搬去哪里呢？

　　快看，那就是泰坦星，也叫土卫六，它是土星最大的卫星！

　　快快坐上热气球，绕着泰坦星在橘红色的天空中飞一会儿吧。

　　泰坦星是非常适合坐热气球的地方。

　　泰坦星上的引力非常微弱，只有地球的1/8。不仅如此，泰坦星上还有浓密的大气，所以我们可以凭借强大的浮力飘浮在空中，飞50年都没有问题！

　　如果真的可以坐着热气球，飘浮在泰坦星上空，会是一种什么样的心情呢？

1997 年，

卡西尼号

飞向了

土星！

在宇宙中飞行 7 年之后，卡西尼号终于飞到了土星的一颗卫星——泰坦星的上空。此后，卡西尼号围绕着土星轨道运行，还向泰坦星投下了惠更斯号探测器。按照原计划，卡西尼号应该把惠更斯号投入海中，却因为一个小小的失误，惠更斯号最终在地表着陆。

幸好泰坦星的地表不是很坚硬，所以惠更斯号并没有遭到破坏。

抵达泰坦星的惠更斯号向地球发回了惊人的消息——泰坦星和地球的外表很相似！

泰坦星上有陆地，有江和湖，有大海，还有湿地。

那里还有大气和云，有风，还会下雨。

啊！一滴，两滴，雨正在落下。啪嗒！啪嗒！啪嗒！巨大的雨滴缓缓落下，就像是一个个慢镜头一样。这都是因为泰坦星上的引力非常微弱。

只不过，这些从天而降的并不是水，而是液态甲烷（CH_4）！

泰坦星上的大海里也都是液态甲烷。也许由液态甲烷组成的海洋中，也有"鱼儿"在嬉戏呢。

站在泰坦星上，我们可以看到空中那颗
巨大的土星。
哗哗，眼前荡漾着一片甲烷的海洋。

泰坦星上的海边有一个一个的沙丘，它们是由碳氢化合物组成的。泰坦星上到处都是碳氢化合物，而这些碳氢化合物是很好的天然燃料。因此，科学家们认为泰坦星比离地球很近的月球和火星更加合适移居，是最适合人类移居的星球之一。

　　目前，人类还无法前往泰坦星，不过也许100年以后，这只是几个小时的简单旅程。当然，第一艘降落在泰坦星上的宇宙飞船，登陆舱里坐着的应该是机器人先遣队。

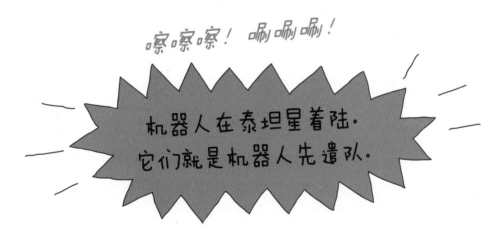

嚓嚓嚓！嘞嘞嘞！

机器人在泰坦星着陆。它们就是机器人先遣队。

　　机器人先遣队会对泰坦星的大气进行分析和研究，还会降落到地面上，分析泰坦星的地形和它的化学成分。找到适合人类生活的地方！

　　嘟嘟嘟嘟！嗡！咔嚓！

长期在泰坦星居住和生活都是需要消耗能量的。恰好泰坦星拥有非常丰富的碳氢化合物资源，这就让获取能源变得易如反掌。

我们可以把碳氢化合物当作燃料，用它来取暖，用它来发电，还可以把碳氢化合物当作原料制造塑料，再用塑料修建房子和工厂。

"用塑料建房子？"

泰坦星上的引力很弱，即使用塑料代替钢筋和水泥来建房子，大楼也不会倒塌。如果泰坦星上真的出现了一座城市，可能就是一座塑料城市。

也许还会有塑料房子、塑料马路、塑料学校！

另外，泰坦星上是没有氧气的，所以我们需要往建筑物内充入氧气，这样人类才可以自由呼吸。

理论上，在泰坦星获取氧气并不难。泰坦星的地下储藏着冰层，我们可以从冰中获取氧气，因为水就是由氢原子和氧原子组成的。只要凿开地壳，插入管道，采掘冰块，然后再将水分解，我们就可以获取氧气了。

在机器人先遣队完成任务之后，人类就可以飞到泰坦星上了。

咚咚！离开宇宙飞船的人类可能需要通过圆滚滚的管道走进室内。因为泰坦星离太阳过于遥远，所以即使在白天，光线也很暗，温度也很低。所以在泰坦星，人们得一直开着灯和取暖设备。

想象一下，第一批到达泰坦星的人类脱下了厚重的航天服，摘下不太方便的头盔，坐到沙发上，一小口一小口地喝着咖啡，沉浸在喜悦和兴奋中。

"我好想出去走走呀！"

只要走到室外，人们就必须穿上防寒服，在寒冷的环境中保护好自己。因为在泰坦星上白天的温度只有 -179.5℃。不过在泰坦星上，人类并不需要像在月球和火星上那样担心宇宙射线。因为泰坦星上空有很厚的大气层，可以阻挡大部分宇宙射线。

如果想要去很远的地方，最好还是穿上一双带轮子的鞋子。泰坦星上的引力十分微弱，走路就像浮在水中一样，迈开步子向前走并不是很容易。为了解决这个问题，我们可以穿上装有发动机的带轮子的鞋子，或者骑滑板车，你也可以在衣服上装上一对翅膀。

扇动几下翅膀，你就可以飞起来了！

回家以后一定要确认用塑料做成的家是不是还牢牢地伫立在原地，因为泰坦星的引力实在太弱了。那里温度低，大气密度又很高，所以人们在室内取暖。当室温上升的时候，就容易产生强大的浮力。如果没有把房子牢牢固定住，也许房子就会飞到空中了！

　　泰坦星上有非常丰富的能源，有水，还有可以建造房子的陆地，人们对那里的气压也比较容易适应。所以，即使开拓泰坦星很难，在那里打造居住地也并非易事，但是科学家们仍然坚信这一切都是可以实现的。

　　也许在很久以后的未来，你的后代就已经搬到泰坦星上生活了。

2500 年 泰坦星小学

一直生活在泰坦星上的孩子们也许只看过关于地球的纪录片，根本不知道地球究竟是什么样的。在去地球旅行之前，他们必须接受每天 12 小时的严酷训练，这些训练的强度和备战马拉松比赛或健美比赛的强度不相上下。因为长期生活在泰坦星上的人们已经适应了弱引力环境，肌肉和骨骼结构都比地球人脆弱。所以，如果毫无准备就贸然闯到地球，也许骨头会全部碎掉。

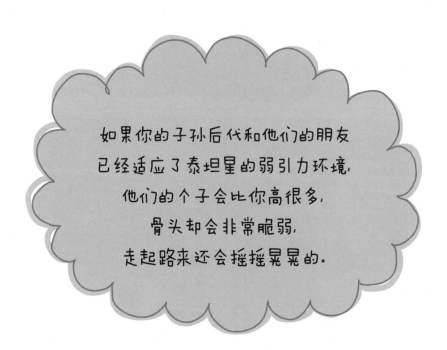

如果你的子孙后代和他们的朋友
已经适应了泰坦星的弱引力环境，
他们的个子会比你高很多，
骨头却会非常脆弱，
走起路来还会摇摇晃晃的。

除了长得高，生活在泰坦星上的人没什么机会晒太阳，皮肤可能会很白。

也许到了需要移居到泰坦星的时候，地球已经变成了一个非常不适合人类居住的地方——温度持续攀升，冰川融化，海平面升高，陆地不断地被淹没，直到完全消失，也有可能地球已经被核武器摧毁了。

或许将来生活在泰坦星上的人们，会遗忘人类在泰坦星上的第一次着陆。但是提到泰坦星，想象着在那里开辟自由又广阔的家园，人们的内心还是会十分激动。

成为第一批
生活在泰坦星
上的人类，
一定
意义非凡。

太阳像一颗小小的宝石，在遥远的天空中闪耀着。

在橘红色的大气中，在翻涌着黑色甲烷海浪的海边，你，就站在那里。

你穿着带翅膀的衣服从海面上方飞过，然后降落在一座小岛上。那里只有一片荒芜：没有树木，没有草丛，没有车道，也没有学校。不过，也许你心爱的小狗会跟在你的身后，和你一样穿着带有翅膀的衣服。

人类究竟能不能飞到泰坦星上去呢？

人类可不可以在泰坦星上生活呢？

这一切也许只有在几百年之后才会成为现实。但是，太空工程师和科学家们怀揣着梦想，就像我们明天就可以飞往泰坦星那样，兴致勃勃地工作着。

卡西尼号探测器已于2017年冲入土星大气层并坠毁。在长达13年的时间里，它持续为人类探索着土星系统，早已超额完成任务。

它代替人类的眼睛，无数次近距离观测土星。由卡西尼号探测器拍摄的39万张照片，加深了科学家对美丽的土星行星系统的了解。

特别是惠更斯号着陆器，通过它的调查我们可知：土卫六上有原理与地球水循环相似的"甲烷循环"，还有湖泊和丘陵，天气现象则有雾、霾和雨。之后，卡西尼号又在泰坦星表面确认了液态沟渠和沙暴的存在。

想要真实见证地球早期的状态几乎是不可能的，但卡西尼号却是一架时光机，让我们领略到了一个十分贴近"婴儿地球"的星体。

对太空的探索是一场接力赛，蜻蜓号探测器即将开启探索泰坦号的旅程。卡西尼号的探测为蜻蜓号探测器选择降落时间和地点提供了科学依据。

相信在不久的将来，人类一定可以亲自去泰坦星上看一看。

制作团队↙

三环童书
SMILE BOOKS

策划团队：三环童书
统筹编辑：胡献忠
项目编辑：徐　微
美术设计：黄　慧

미래가 온다 시리즈 06. 우주과학

Text Copyright © 2020 by Kim Seong-hwa, Kwon Su-jin

Illustrator Copyright © 2020 by Kim Young-Kon

Original Korean edition was first published in Republic of Korea by Weizmann BOOKs, 2020.

Simplified Chinese translation copyright © 2022 by Smile Culture Media(Shanghai) Co., Ltd.

This Simplified Chinese translation copyright arranged with Mindalive through Carrot

Korea Agency, Seoul, KOREA.

All rights reserved.

版权贸易合同登记号 图字：01-2022-0860

图书在版编目（CIP）数据

未来已来系列 . 宇宙科学 ／（韩）金成花,（韩）权秀珍著；
（韩）金荣坤绘；小栗子译 . -- 北京：电子工业出版社 , 2022.7
ISBN 978-7-121-43071-8

Ⅰ . ①未… Ⅱ . ①金… ②权… ③金… ④小… Ⅲ . ①自然科学－少儿读物
②宇宙－少儿读物 Ⅳ . ① N49 ② P159-49

中国版本图书馆 CIP 数据核字 (2022) 第 037957 号

责任编辑：苏　琪　特约编辑：刘红涛
印　　刷：佛山市华禹彩印有限公司
装　　订：佛山市华禹彩印有限公司
出版发行：电子工业出版社
　　　　　北京市海淀区万寿路 173 信箱　邮编：100036
开　　本：889×1194　1/16　印张：44.25　字数：424.8 千字
版　　次：2022 年 7 月第 1 版
印　　次：2022 年 7 月第 1 次印刷
定　　价：228.00 元（全 5 册）

凡所购买电子工业出版社图书有缺损问题，请向购买书店调换。若书店售缺，
请与本社发行部联系，联系及邮购电话：（010）88254888，88258888。
质量投诉请发邮件至 zlts@phei.com.cn。盗版侵权举报请发邮件至 dbqq@phei.
com.cn。
本书咨询联系方式：（010）88254161 转 1821，zhaixy@phei.com.cn。